LYCEE

PREMIERE

COURS DE MATHEMATIQUES

et Exercices corrigés

Aide aux Devoirs

D1694967

1

LYCEE PREMIERE COURS DE MATHEMATIQUES et Exercices corrigés

DÉDICACE

"À tous les élèves qui entreprennent le voyage passionnant de découvrir les mathématiques de Première, ce livre est dédié à vous. Pour ceux qui cherchent à percer les mystères de l'algèbre, à dénouer les complexités des équations, et à conquérir les hauteurs de l'analyse. Puisse ce guide vous être un fidèle compagnon sur le chemin de l'apprentissage, un outil pour surmonter les défis, et une source d'inspiration pour atteindre vos aspirations les plus élevées. Que votre curiosité et votre persévérance soient toujours alimentées par la beauté et l'élégance des mathématiques. Bonne lecture et bonne réussite !"

Avec gratitude,

Aide aux Devoirs.

REMERCIEMENTS

Cher lecteur,

Je tiens à vous exprimer ma sincère gratitude d'avoir pris le temps de lire ce livre sur la théorie des vagues d'Elliot. J'espère que vous avez trouvé les informations présentées intéressantes et utiles pour votre compréhension de cette méthode d'analyse technique.

Je suis convaincu que la théorie des vagues d'Elliot peut être un outil très puissant pour prévoir les mouvements du marché, mais je tiens également à souligner qu'il n'y a pas de méthode infaillible pour prédire les fluctuations du marché. La théorie des vagues d'Elliot est une approche basée sur l'analyse technique, mais elle ne doit pas être utilisée seule pour prendre des décisions d'investissement importantes.

En fin de compte, chaque investisseur doit faire ses propres recherches et analyses pour prendre des décisions éclairées en matière d'investissement. La théorie des vagues d'Elliot peut être un outil utile pour compléter votre analyse, mais elle ne doit pas être utilisée comme la seule méthode pour prendre des décisions de trading.

Encore une fois, merci d'avoir lu ce livre et j'espère que cela vous a apporté une compréhension plus claire de la théorie des vagues d'Elliot. Si vous avez des questions ou des commentaires, n'hésitez pas à me contacter.

Cordialement,Aide aux Devoirs

TABLE DES MATIÈRES

INTRODUCTION

Bienvenue dans l'univers captivant des mathématiques de Première ! Ce livre est conçu pour vous accompagner tout au long de votre année scolaire, en vous offrant les outils et les connaissances nécessaires pour explorer en profondeur les concepts mathématiques au programme. Que vous visiez l'excellence ou que vous cherchiez simplement à améliorer vos compétences, ce cours est fait pour vous.

Les mathématiques sont bien plus qu'une simple matière ; elles sont la clé qui ouvre les portes de la compréhension du monde qui nous entoure. De la modélisation des phénomènes naturels à la résolution de problèmes complexes du quotidien, les compétences que vous développerez ici sont essentielles et universellement applicables.

Nous aborderons des thèmes variés tels que l'analyse, la géométrie, les probabilités et la statistique, chacun enrichi d'exemples concrets et d'applications pratiques. Des exercices gradués, des résumés de cours et des tests de compétences vous aideront à consolider vos acquis et à mesurer vos progrès en continu.

C'est avec enthousiasme et rigueur que nous vous invitons à plonger dans ce parcours éducatif, à relever de nouveaux défis et à découvrir le plaisir des mathématiques. Préparez-vous à aiguiser votre esprit critique et à élargir votre horizon intellectuel. Ensemble, démystifions les nombres et formules pour révéler leur véritable beauté et leur puissance.

I. ALGEBRE

Bienvenue dans votre parcours d'algèbre au lycée ! Ce livre est conçu pour démystifier les concepts fondamentaux de l'algèbre et vous équiper des compétences nécessaires pour exceller. Nous explorerons ensemble des notions essentielles telles que les équations et inéquations, les fonctions polynomiales, et les suites numériques. Chaque chapitre vous guide à travers des explications claires, des exemples illustratifs, et des exercices pratiques pour renforcer votre compréhension. Que vous cherchiez à approfondir vos connaissances ou à maîtriser les bases, ce cours est votre compagnon idéal pour une année réussie en mathématiques de Première. Embarquez dans cette aventure algébrique et transformez les défis en opportunités!

A. Les suites numériques

1. Définition d'une suite numérique

Une suite numérique est une fonction définie sur les entiers naturels $\mathbb{N}$

(parfois sur une partie de $\mathbb{N}$, comme $\mathbb{N}*$ ou un intervalle $[n,+\infty[$ avec n entier).

Les images de ces nombres par la suite sont des termes de la suite. On note généralement une suite par (Un) où n est l'indice du terme dans la suite.

2. Manières de définir une suite

Explicite (ou formule générale): Chaque terme de la suite est défini directement par une expression en fonction de n.

Par exemple, Un=3n+2.

Récurrence: On définit le premier terme (ou les premiers termes) et on donne une relation permettant de calculer chaque terme suivant à partir des termes précédents.

Par exemple, U_0=11 et Un+1=2Un+3 pour tout n$\geq$0.

B. Les suites arithmétiques et géometriques

1. Suites arithmétiques

Une suite (U_n) est dite arithmétique si la différence entre deux termes consécutifs est constante. Cela s'écrit:

$U_{n+1}=U_n+r$

où r est la raison de la suite. La formule générale pour le terme n-ième d'une suite arithmétique est:

$U_n=U_0+nr$

2. Suites géométriques

Une suite (U_n) est dite géométrique si le quotient de deux termes consécutifs est constant. Cela s'écrit:

$U_{n+1} = q \times U_n$

où q est la raison de la suite. La formule générale pour le terme n-ième d'une suite géométrique est:

$U_n = U_0 \times q^n$

3. Convergence et divergence

Une suite (U_n) est convergente si elle admet une limite finie quand n tend vers l'infini. Par exemple, si $|q| < 1$, la suite géométrique $U_n = U_0 \times q^n$ converge vers 0.

Une suite est divergente si elle ne converge pas. Elle peut tendre vers $+\infty$, $-\infty$, ou n'avoir aucune limite.

4. Propriétés supplémentaires

Suites adjacentes: Si une suite est formée de deux sous-suites, une croissante et une décroissante, qui convergent vers le même point, alors la suite converge.

Théorème des valeurs intermédiaires: Ce théorème s'applique aussi aux suites pour montrer l'existence de certaines valeurs sous des conditions appropriées.

5. Théorèmes sur les suite numériques

1. Théorème de convergence

Un théorème fondamental en ce qui concerne les suites est le critère de convergence. Ce théorème stipule que si une suite est convergente, alors elle possède une limite unique. De plus, pour toute suite convergente (U_n) de limite L, pour tout $\epsilon > 0$, il existe un entier naturel $\mathbb{N}$ tel que pour tout $n \geq \mathbb{N}$, $|U_n - L| < \epsilon$. Ce critère est essentiel pour prouver la convergence de suites numériques.

2. Théorème des suites monotones

Ce théorème affirme que toute suite monotone et bornée est convergente. Une suite est dite monotone si elle est soit toujours croissante, soit toujours décroissante. Si une telle suite est également bornée, alors elle converge nécessairement vers une limite.

3. Théorème de la suite arithmétique

Pour les suites arithmétiques, où chaque terme se déduit du précédent par l'addition d'une constante r (la raison), il est établi que le n-ième terme de la suite peut être exprimé par $U_n = U_1 + (n-1)r$. Ce théorème permet de calculer n'importe quel terme de la suite à partir du premier terme et de la raison.

4. Théorème de la suite géométrique

Pour les suites géométriques, où chaque terme se déduit du précédent par la multiplication par une constante q (la raison), le n-ième terme s'exprime par $U_n = U_1 \times q^{n-1}$. Ce théorème est utilisé pour calculer rapidement les termes de suites géométriques ainsi que pour explorer leur convergence selon la valeur de q.

5. Principe de récurrence

Bien que techniquement plus une méthode de preuve qu'un théorème, le principe de récurrence est fondamental dans l'étude des suites numériques. Il permet de démontrer qu'une propriété est vraie pour tous les termes de la suite en montrant qu'elle est vraie pour le premier terme et que, si elle est vraie pour un terme quelconque nn, alors elle est vraie pour le terme suivant n+1.

6. Exemples et exercices

<u>Exemple 1</u> : Soit la suite définie par $U_0=2$ et $U_{n+1}=3U_n+4$. Détermine les cinq premiers termes.

<u>Exemple 2</u> : Trouve la formule générale pour la suite arithmétique où $U_5=12$ et la raison $r=2$.

Correction exemple 1:

On nous donne une suite (U_n) définie par la relation de récurrence suivante :

$U_0 = 2$

$U_{n+1} = 3U_n + 4$

Pour trouver les cinq premiers termes de la suite :

Calcul de U_0 :

$U_0 = 2$

Calcul de U_1 :

$U_1 = 3 U_0 + 4 = 3 \times 2 + 4 = 10$

Calcul de U_2 :

$U_2 = 3 U_1 + 4 = 3 \times 10 + 4 = 34$

Calcul de U_3 :

$U_3 = 3 U_2 + 4 = 3 \times 34 + 4 = 106$

Calcul de U_4 :

$U_4 = 3 U_3 + 4 = 3 \times 106 + 4 = 322$

Ainsi, les cinq premiers termes de la suite sont 2,10,34,106,322.

Correction exemple 2:

On cherche la formule générale d'une suite arithmétique où :

$U_5=12$

$r=2$

La formule générale d'une suite arithmétique est donnée par :

$U_n=U_0+nr$

Sachant que $U_5=12$ et en substituant n=5 et r=2 dans la formule générale, nous obtenons :

$12=U_0+5\times2$

$12=U_0+10$

$U_0=12-10$

$U_0=2$

Ainsi, la formule générale de la suite est :

$U_n=2+2n$

Pour vérifier, nous pouvons calculer quelques termes :

$U_0=2+2\times0=2$

$U_1=2+2\times1=4$

$U_2=2+2\times2=6$, etc.

Cela confirme que nous avons correctement déterminé la formule générale de la suite.

C. Les autres suites récurrentes

1. Suites récurrentes non linéaires

Suites récurrentes non linéaires : Elles sont définies par des relations de récurrence plus complexes, telles que $U_{n+1}=f(U_n)$ où f peut être une fonction non linéaire.

Étude qualitative et quantitative : Les élèves apprennent à étudier le sens de variation, la convergence, et d'autres comportements de suites, en utilisant des méthodes graphiques et numériques.

La question de savoir quand la limite d'une suite définie par la relation de récurrence $U_{n+1}=f(U_n)$ est la solution de l'équation $f(x)=x$ touche à un concept fondamental en analyse mathématique, celui du point fixe.

Un point fixe d'une fonction f est une valeur x telle que $f(x)=x$. Pour les suites, la recherche de la limite, quand elle existe, souvent s'appuie sur la recherche d'un tel point fixe.

Conditions pour que la limite soit un point fixe

La limite L de la suite $U_{n+1}=f(U_n)$, si elle existe, sera un point fixe de f, c'est-à-dire une solution de $f(x)=x$, sous certaines conditions :

Continuité de f : La fonction f doit être continue sur l'intervalle concerné. Cela assure que les petites variations dans les valeurs de U_n ne produisent pas de grands sauts dans les valeurs de $f(U_n)$, ce qui est crucial pour la convergence de la suite.

20

Existence et unicité du point fixe : Sous certaines conditions supplémentaires, comme la contraction (voir ci-dessous), il peut être garanti que non seulement un point fixe existe, mais qu'il est également unique.

Condition de contraction (dans certains cas) : Si f est une fonction contractante sur un intervalle, alors par le théorème du point fixe de Banach, non seulement un point fixe existe, mais toute suite définie par $U_{n+1}=f(U_n)$ avec un U_0 quelconque dans cet intervalle convergera vers ce point fixe.

Une fonction f est dite contractante sur un intervalle si elle satisfait une condition telle que pour tous x et y dans l'intervalle, il existe k<1 tel que :

$$|f(x)-f(y)| \leq k|x-y|$$

D. Le second degrés

1. Définition d'un polynôme du second degré

Un polynôme du second degré, ou trinôme, est une expression de la forme:

$$ax^2+bx+c$$

où a, b, et c sont des coefficients réels avec a≠0.

Le terme ax^2 est le terme de degré 2,

bx est le terme de degré 1,

et c est le terme constant.

2. Forme canonique

La forme canonique d'un polynôme du second degré est:

$$a(x-\alpha)^2+\beta$$

où α et β sont des nombres réels. Cette forme est utile car elle permet de voir rapidement le sommet de la parabole représentée par le polynôme et de déterminer si elle a un maximum ou un minimum. Pour trouver α et β on utilise:

$$\alpha = -\frac{b}{2a}$$

et

$$\beta = c - \frac{b^2}{4a}$$

3. Racines d'un polynôme du second degré

Les racines (ou zéros) d'un polynôme du second degré sont les solutions de l'équation:

$$ax^2+bx+c=0$$

Pour les trouver, on utilise la formule quadratique:

$$x = \frac{-b \pm \sqrt{\Delta}}{2a}$$

où $\Delta = b^2 - 4ac$ est appelé le discriminant du polynôme. Selon la valeur de Δ, on a:

$\Delta > 0$: deux solutions réelles distinctes.

$\Delta = 0$: une solution réelle double (ou racine unique).

$\Delta < 0$: pas de solutions réelles, deux solutions complexes conjuguées.

4. Étude du signe d'un polynôme du second degré

Pour étudier le signe de ax^2+bx+c sur $\mathbb{R}$, on utilise ses racines et le signe de a:

Si $a > 0$, la parabole est orientée vers le haut.

Si $a < 0$, la parabole est orientée vers le bas.

En connaissant les racines et le signe de a, on peut déterminer les intervalles sur lesquels le polynôme est positif ou négatif.

5. Représentation graphique

La courbe représentative d'un polynôme du second degré est une parabole. Son sommet, comme mentionné, est à (α, β). Cette parabole est symétrique par rapport à la droite $x=\alpha$.

6. Exemples et exercices

Exemple 1 :

Considérons le polynôme $f(x)=x^2-4x+3$. Trouvons ses racines, sa forme canonique, et discutons de son signe.

Exemple 2 :

Soit la fonction f définie par $f(x)=3x^2-12x+9$

Déterminez les coordonnées du sommet de la parabole représentant la fonction f.

Étudiez les variations de la fonction f.

Déterminez les racines de l'équation $f(x)=0$ s'il y en a.

Tracez la courbe représentative de la fonction f.

Exemple 3 :

Un projectile est lancé depuis le sol avec une trajectoire parabolique donnée par l'équation $y=-5x^2+30x$, où y est la hauteur en mètres et x la distance horizontale parcourue en mètres.

Déterminez la hauteur maximale atteinte par le projectile.

Calculez la distance horizontale parcourue par le projectile lorsque celui-ci retombe au sol.

Trouvez la distance à laquelle le projectile atteint la moitié de sa hauteur maximale.

Correction exemple 1:

Racines :

Δ=(−4)2−4×1×3=16−12=4

$$x = \frac{-(-4) \pm \sqrt{4}}{2}$$

$$x = \frac{4 \pm 2}{2} = 2 \pm 1$$

Les racines sont x=3 et x=1.

Forme canonique :

$$\alpha = -\frac{-4}{2} = 2$$

β=3−(−4)24×1=3−4=−1

$$\beta = 3 - \frac{(-4)^2}{4}$$

$$\beta = 3 - \frac{16}{4} = 3 - 4 = 1$$

Donc, f(x)=(x−2)2−1.

Signe de f(x) :

   f(x)>0 pour x ∈] − ∞, 1] et [3, +∞[.

   f(x)=0 pour x=1 et x=3.

   f(x)<0 pour 1<x<3.

Correction exemple 2:

f(x)=3x2−12x+9

Sommet de la parabole

$$\alpha = -\frac{b}{2a} \quad \beta = c - \frac{b^2}{4a}$$

$$\alpha = -\frac{-12}{2 \times 3} \quad \beta = 9 - \frac{12^2}{4 \times 3}$$

$$\alpha = \frac{12}{6} \quad \beta = 9 - \frac{12^2}{12}$$

$$\alpha = 2 \quad \beta = 9 - 12$$

$$\alpha = 2 \quad \beta = -3$$

Sommet de coordonnées $(\alpha, \beta) = (2, -3)$

variations de f(x)

a=3 >0 donc parabole orientée vers le haut

f'(x)=6x-12=6(x-2) => f'(x)=0 sour x=2

tableau de varaitions:

sur]- ∞,2[,   f'(x)<0 , f(x) croissante

pour x=2,   f'(2)=0 f(x) admet un maximum pour x= 2

sur]2,+ ∞ [,   f'(x)>0 ,f(x) croissante

Racine de l'équation f(x)=3x2−12x+9=0

Calcul du discriminant Δ=b2−4ac =12²-4x3x9

Δ=144-108=36

$$x_1 = \frac{-(-12) - \sqrt{36}}{2 \times 3} \quad x_2 = \frac{-(-12) + \sqrt{36}}{2 \times 3}$$

$$x_1 = \frac{12 - 6}{6} \quad x_2 = \frac{12 + 6}{6}$$

$$x_1 = 1 \quad x_2 = \frac{18}{6}$$

$$x_1 = 1 \quad x_2 = \frac{9}{3}$$

$$x_1 = 1 \quad x_2 = 3$$

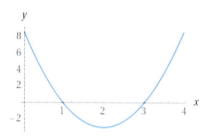

Correction exemple 3:

y=−5x^2+30x

Déterminez la hauteur maximale atteinte par le projectile.(maximum de y(x))

y'=-10x+30 =>y'(x)=0 =>-10x+30=0

x=30/10=3 =>y(x) est maximum pour x=3

$$y(3) = -5 \times 3^2 + 30 \times 3$$

$$y(3) = -5 \times 9 + 90 = 45\ m$$

Calculez la distance horizontale parcourue par le projectile lorsque celui-ci retombe au sol.(Solution de y(x)=0)

y(x)=−5x^2+30x=0 =>

y(x)=5x(x-6)=0 => x$_1$=0 et x$_2$=6

la solution est x=x$_2$=6 m

Trouvez la distance à laquelle le projectile atteint la moitié de sa hauteur maximale.(solution de l'équation y(x)=45/2)

$$y(x) = \frac{45}{2}$$

$$-5x^2 + 30x - \frac{45}{2} = 0$$

$$5x^2 - 30x + \frac{45}{2} = 0$$

Δ=b^2−4ac

$$\Delta = 30^2 - 4 \times 5 \times \frac{45}{2}$$

$\Delta = 30^2 - 2 \times 5 \times 45 = 450 = 2 \times 15^2$

$$x_1 = \frac{-(-30) - 15\sqrt{2}}{2 \times 5} \quad x_2 = \frac{-(-30) + 15\sqrt{2}}{2 \times 5}$$

$$x_1 = \frac{30 - 15\sqrt{2}}{10} \quad x_2 = \frac{30 - 15\sqrt{2}}{10}$$

$$x_1 = 3 - \frac{3}{\sqrt{2}} \quad x_2 = 3 + \frac{3}{\sqrt{2}}$$

la solution est x=$x_1 = 3 - \frac{3}{\sqrt{2}}$

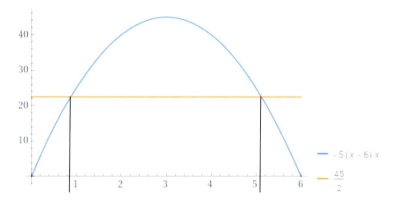

II.   ANALYSES

Bienvenue dans la section d'analyse de ce cours de mathématiques pour élèves de Première ! Ce livre est conçu pour vous plonger dans le monde fascinant des fonctions, des dérivées, et des intégrales. Chaque chapitre est structuré pour faciliter votre compréhension des concepts clés et pour vous préparer à les appliquer efficacement. À travers des explications détaillées, des illustrations claires et une multitude d'exercices, vous apprendrez à analyser et à résoudre des problèmes mathématiques complexes. Embarquez dans cette aventure analytique pour développer vos compétences et découvrir le pouvoir et la beauté de l'analyse mathématique.

A. Dérivation

1. Définition de la Dérivée

La dérivée d'une fonction en un point donne le taux de variation instantané de la fonction à ce point.

Elle se représente par la pente de la tangente à la courbe de la fonction en ce point.

Formule de la dérivée

Si f est une fonction définie au voisinage de a, et différentiable en a, alors la dérivée de f en a, notée f′(a), est définie par :

$$f'(a) = \lim_{h \to 0} \left(\frac{f(a+h) - f(a)}{h} \right)$$

si cette limite existe.

2. Interprétation Géométrique

Géométriquement, f′(a) est la pente de la tangente à la courbe de la fonction f au point (a,f(a)).

3. Dérivées de Fonctions Usuelles

Voici les dérivées de quelques fonctions de base souvent utilisées :

Fonction constante   f(x)=c :   f′(x)=0

Fonction identité   f(x)=x :   f′(x)=1

Fonction puissance $f(x)=x^n$: $f'(x)=n \cdot x^{n-1}$

(pour n entier)

Fonction exponentielle $f(x)=e^x$: $f'(x)= e^x$

4. Règles de Dérivation

Pour faciliter la dérivation de fonctions plus complexes, plusieurs règles peuvent être appliquées :

Somme : $(f+g)'(x)=f'(x)+g'(x)$

Produit: $(f \cdot g)'(x)=f'(x) \cdot g(x)+f(x) \cdot g'(x)$

Quotient : (si $g(x) \neq 0$)

$$\left(\frac{f(x)}{g(x)}\right)' = \frac{f'(x)g(x) - f(x)g'(x)}{g(x)^2}$$

Composition (chaîne) : $(f \circ g)'(x)=f'(g(x)) \cdot g'(x)$

5. Applications de la Dérivation

Les applications pratiques de la dérivation incluent :

Optimisation : Trouver les valeurs minimales ou maximales d'une fonction (important en économie, ingénierie).

Cinématique : Calculer les vitesses et les accélérations dans le mouvement des objets.

Sciences de la vie : Modéliser des taux de croissance ou des changements dans des systèmes biologiques.

6. Les théorèmes sur la Dérivation

1. Théorème de la dérivée de la fonction composée (règle de la chaîne)

Ce théorème stipule que si une fonction uu est dérivable en x et une fonction v est dérivable en u(x), alors la fonction composée v(u(x)) est dérivable en x et sa dérivée est donnée par :

$(v(u(x)))' = v'(u(x)) \cdot u'(x)$

2. Théorème des accroissements finis

Le théorème des accroissements finis énonce que pour toute fonction ff continue sur un intervalle fermé [a,b] et dérivable sur l'intervalle ouvert (a,b), il existe au moins un point cc dans (a,b) tel que :

$$f'(c) = \frac{f(b) - f(a)}{b - a}$$

Ce théorème est très utile pour prouver de nombreuses propriétés des fonctions dérivables.

3. Théorème de Rolle

Un cas particulier du théorème des accroissements finis, le théorème de Rolle affirme que si une fonction f est continue sur [a,b], dérivable sur (a,b), et f(a)=f(b), alors il existe au moins un c dans (a,b) tel que :

$f'(c) = 0$

7. Exemples et exercices

Calculer la dérivée de fonctions simples et composées.

Utiliser la dérivée pour étudier les variations d'une fonction (tableau de variation).

Appliquer la dérivation à des problèmes de tangente et d'optimisation.

Ceci couvre les bases de la dérivation telles qu'enseignées en première dans le système éducatif français. Pratiquer avec des exercices variés permettra de mieux maîtriser ces concepts.

B. Variations et courbes représentatives de fonctions

1. Introduction aux Fonctions

Avant d'aborder les variations, il est crucial de bien comprendre ce qu'est une fonction. Une fonction f d'un ensemble D dans $\mathbb{R}$ associe à chaque élément x de D un unique élément f(x) de $\mathbb{R}$.

2. Domaine de Définition

Le domaine de définition d'une fonction est l'ensemble des valeurs pour lesquelles la fonction est bien définie. Identifier ce domaine est essentiel avant d'étudier les variations de la fonction.

3. Continuité et Limites

Continuité : Une fonction est continue sur un intervalle si elle ne présente pas de "sauts" ou de discontinuités dans cet intervalle.

Limites : Les limites aident à comprendre le comportement de la fonction aux bords de son domaine ou à des points spécifiques.

4. Dérivée et Sens de Variation

Dérivée : Comme discuté précédemment, la dérivée d'une fonction en un point donne le taux de variation instantané de la fonction à ce point. Elle est cruciale pour étudier le sens de variation.

Sens de variation :

Si $f'(x) > 0$ sur un intervalle, f est croissante sur cet intervalle.

Si f′(x)<0, f est décroissante.

Si f′(x)=0, le point peut être un extremum local (maximum ou minimum).

5. Extrema Locaux et Globaux

Points critiques : Points où f′(x)=0 ou où f′ n'est pas définie.

Maximum local : Si f passe de croissante à décroissante.

Minimum local : Si f passe de décroissante à croissante.

Maximum/Minimum global : Le plus grand ou le plus petit de tous les valeurs de ff dans son domaine.

6. Courbes Représentatives

La courbe représentative d'une fonction est un graphique qui illustre le lien entre les valeurs d'entrée et de sortie de la fonction. Pour dessiner cette courbe :

Identifiez le domaine de définition et les points d'interception avec les axes.

Utilisez la dérivée pour déterminer les intervalles de croissance et de décroissance.

Marquez les points où la dérivée s'annule ou n'est pas définie pour identifier les points critiques.

Calculez les limites aux bornes du domaine de définition pour comprendre le comportement asymptotique.

7. Exemples et Applications

Utilisez ces principes pour analyser des fonctions telles que les fonctions polynomiales, trigonométriques, exponentielles, etc. Les applications peuvent inclure la résolution de problèmes en physique, en économie, et dans d'autres sciences appliquées.

8. Exemples et exercices

Exercice 1 : Étudiez les variations de la fonction $f(x)=x^2-4x+3$, tracez sa courbe et identifiez ses extrema.

Exercice 2 : Analysez le comportement de la fonction $g(x) = \frac{1}{x}$ sur son domaine de définition, tracez sa courbe représentative.

Correction exemple 1:

Variations de la fonction $f(x)=x^2-4x+3$, tracez sa courbe et identifiez ses extrema.

$f'(x)=2x-4 \Rightarrow f'(x)=0 \Rightarrow x=2$

sur $]-\infty,2[$ $f'(x)<0$ $f(x)$ decroissante

pour $x=2$ $f(2)$ minimale

sur $]2,+\infty[$ $f'(x)>0$ $f(x)$ croissante

tracé de la courbe:

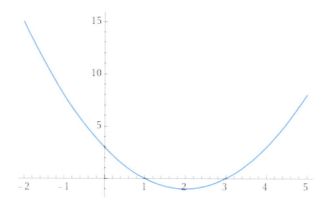

Correction exemple 2:

Analysez le comportement de la fonction $g(x) = \frac{1}{x}$ sur son domaine de définition, tracez sa courbe représentative.

Domaine de définition $\mathbb{R}*$

$$g'(x) = -\frac{1}{x^2}$$

sur $]-\infty,0[$ g'(x)<0 g(x) decroissante

sur $]0,+\infty[$ g'(x)<0 g(x) decroissante

tracé de la courbe:

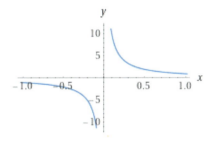

C. Fonction exponentielle

1. Définition

La fonction exponentielle de base ee (où ee est le nombre d'Euler approximativement égal à 2.71828) est notée exp ou e^x. Elle est définie pour tout nombre réel x et a la propriété particulière que la fonction est égale à sa propre dérivée.

2. Propriétés de la fonction exponentielle

Croissance : La fonction exponentielle est strictement croissante sur $\mathbb{R}$.

Valeur initiale : $e^0=1$.

Positivité : Pour tout $x \in R$, $e^x > 0$.

Asymptote horizontale : La courbe représentative de exex admet une asymptote horizontale à y=0 lorsque $x \to -\infty$.

3. Dérivée de la fonction exponentielle

La dérivée de e^x par rapport à x est e^x elle-même. Cela signifie que la pente de la tangente à tout point de la courbe $y=e^x$ est égale à la valeur de e^x à ce point.

4. Fonction exponentielle et équations différentielles

La fonction exponentielle est souvent utilisée pour résoudre des équations différentielles simples, telles que y'=y. La solution générale de cette équation différentielle est $y=C\,e^x$, où C est une constante qui peut être déterminée par une condition initiale.

5. Applications de la fonction exponentielle

Croissance et décroissance exponentielles : utilisées pour modéliser la croissance de populations, le décroissement radioactif, et l'accumulation d'intérêts composés.

Calculs en finance : pour modéliser la croissance d'investissements avec intérêt composé continu.

Phénomènes physiques : dans les domaines comme la thermodynamique et l'électrodynamique.

6. Courbe représentative

Pour tracer la courbe de $y=e^x$, notez qu'elle passe par le point (0,1), est toujours en croissance, et s'approche de l'axe des x mais ne le touche jamais lorsque x devient très négatif.

7. Conclusion

La fonction exponentielle est cruciale pour comprendre les phénomènes naturels et mathématiques qui impliquent une croissance ou une décroissance continue. Sa compréhension est essentielle pour tout élève de première, préparant ainsi le terrain pour des études plus avancées en mathématiques et dans les domaines scientifiques connexes.

8. Exemples et exercices

<u>Exemple 1 :</u> Trouvez la dérivée de $f(x)=3e^{2x}$.

<u>Exemple 2 :</u> Résolvez l'équation différentielle $y'=4y$ avec la condition initiale $y(0)=5$.

Correction exemple 1:

$f(x)=3e^{2x}$.

$f'(x)=3 \cdot 2e^{2x}=6e^{2x}$

Correction exemple 2:

$y'=4y$ avec la condition initiale $y(0)=5$.

La solution générale est $y=Ce^{4x}$. Avec $y(0)=5$, on trouve $C=5$. Donc, $y=5e^{4x}$.

D. Fonctions trigonométriques

1. Définitions et fondamentaux

Les fonctions trigonométriques principales sont le sinus (sin), le cosinus (cos) et la tangente (tan), définies initialement via le cercle unitaire :

Sinus (sin) : Pour un angle θ, le sinus est la coordonnée y du point correspondant sur le cercle unitaire.

Cosinus(cos) : Le cosinus de θ correspond à la coordonnée x.

Tangente (tan) : La tangente est le rapport du sinus sur le cosinus, soit

$$tan(\theta) = \frac{sin(\theta)}{cos(\theta)}$$

2. Propriétés importantes

Périodicité : Sin et cos ont une période de 2π, tandis que tan a une période de π.

Amplitude : Les amplitudes de sin et cos sont de 1.

Symétries :

Sin est impaire $(sin(-\theta)=-sin(\theta))$.

Cos est paire $(cos(-\theta)=cos(\theta))$.

Tan est impaire.

3. Valeurs remarquables

Il est important de connaître les valeurs des fonctions trigonométriques pour des angles clés tels que $0, \frac{\pi}{6}, \frac{\pi}{4}, \frac{\pi}{3}$, et $\frac{\pi}{2}$.

4. Graphes des fonctions trigonométriques

Sin et Cos : Le graphique de sin débute à $(0,0)$ et monte jusqu'à $(\frac{\pi}{2}, 1)$ avant de redescendre; cos commence à $(0,1)$ et descend jusqu'à $(\frac{\pi}{2}, 0)$.

Tan : Tan présente des asymptotes verticales à $\frac{\pi}{2}+k\pi$ et croise l'origine avec une inclinaison marquée.

5. Formules trigonométriques

Les formules d'addition et de double angle sont particulièrement utiles :

$\sin(a+b)=\sin(a)\cos(b)+\cos(a)\sin(b)$

$\cos(a+b)=\cos(a)\cos(b)-\sin(a)\sin(b)$

$\sin(2\theta)=2\sin(\theta)\cos(\theta)\sin(2\theta)=2\sin(\theta)\cos(\theta)$

$\cos(2\theta)=\cos^2(\theta)-\sin^2(\theta)\cos(2\theta)=\cos^2(\theta)-\sin^2(\theta)$

6. Applications pratiques

Les fonctions trigonométriques servent à résoudre des problèmes impliquant des triangles (loi des sinus et des cosinus), à analyser des mouvements périodiques, et à modéliser des phénomènes ondulatoires.

7. Exemples et exercices

<u>Exercice 1 :</u> Tracez y=sin(x) et y=cos(x) de -2π à 2π.

<u>Exercice 2 :</u> Calculez sin(75°) en utilisant les formules d'addition, sachant que 75°=45°+30°.

Correction Exercice 1 : Tracez y=sin(x) et y=cos(x) de −2π à 2π.

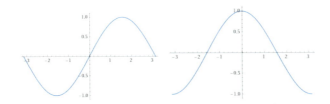

Correction Exercice 2 : Calculez sin(75°) en utilisant les formules d'addition, sachant que 75°=45°+30°.

sin(75)=sin(45)cos(30)+cos(45)sin(30)

$$\sin(75) = \frac{\sqrt{2}}{2}\cos(30) + \frac{\sqrt{2}}{2}\sin(30)$$

$$\sin(75) = \frac{\sqrt{2}}{2}(\frac{\sqrt{3}}{2} + \frac{1}{2})$$

$$\sin(75) = \frac{\sqrt{2}}{4}(\sqrt{3} + 1)$$

III. GEOMETRIE

Bienvenue dans la section de géométrie de notre cours de mathématiques de Première ! Ce livre est spécialement conçu pour vous aider à explorer les dimensions spatiales de manière rigoureuse et créative. Vous découvrirez les propriétés des figures géométriques, l'importance des théorèmes et leur application dans des situations variées. À travers des exercices interactifs, des démonstrations claires et des problèmes à résoudre, vous apprendrez à penser géométriquement et à développer une intuition spatiale solide. Préparez-vous à approfondir vos connaissances en géométrie, à affûter votre raisonnement logique et à embrasser les défis mathématiques avec confiance et curiosité.

A. Calcul vectoriel et produit scalaire

1. Introduction aux vecteurs

Un vecteur est un objet mathématique qui possède une direction et une magnitude (longueur). Il est souvent représenté par une flèche dont la longueur indique la magnitude et la pointe indique la direction.

Notation

Un vecteur peut être représenté par $\vec{u}$ et en coordonnées dans un plan, il peut être écrit sous la forme $\vec{u}=(x,y)$ où x et y sont des nombres réels indiquant les composantes du vecteur le long des axes des abscisses et des ordonnées, respectivement.

2. Opérations sur les vecteurs

Addition et soustraction

Pour additionner ou soustraire deux vecteurs, on additionne ou on soustrait leurs composantes correspondantes:

$$\vec{u} + \vec{v} = (u_x + v_x, u_y + v_y)$$

$$\vec{u} + \vec{v} = (u_x - v_x, u_y - v_y)$$

Multiplication par un scalaire

Multiplier un vecteur par un scalaire revient à multiplier chaque composante du vecteur par ce scalaire:

$$k\vec{u} = (ku_x, ku_y)$$

3. Produit scalaire

Le produit scalaire de deux vecteurs $\vec{u}$ et $\vec{v}$

est une opération qui associe à ces vecteurs un nombre réel. Il est noté $\vec{u}.\vec{v}$ et se calcule par:

$$\vec{u}.\vec{v} = u_x \times v_x + u_y \times v_y$$

Ce produit est particulièrement intéressant car il permet de déterminer l'angle entre deux vecteurs et de vérifier s'ils sont perpendiculaires (produit scalaire nul).

4. Propriétés du produit scalaire

Commutativité : $\vec{u}.\vec{v} = \vec{v}.\vec{u}$

Distributivité : $\vec{u}.(\vec{v} + \vec{w}) = \vec{u}.\vec{v} + \vec{u}.\vec{w}$

Associativité avec les scalaires : $(k\vec{u}).\vec{v} = k(\vec{u}.\vec{v})$

Norme d'un vecteur : La norme d'un vecteur $\vec{u}$

est donnée par $\sqrt{\vec{u}.\vec{u}}$

5. Applications du produit scalaire

Calcul de l'angle entre deux vecteurs : L'angle θ entre deux vecteurs peut être trouvé en utilisant la formule:

$$\cos(\theta) = \frac{\vec{u}.\vec{v}}{\parallel \vec{u} \parallel \parallel \vec{v} \parallel}$$

Projection d'un vecteur sur un autre : La projection du vecteur $\vec{u}$ sur $\vec{v}$

est donnée par: $proj_{\vec{v}}\,\vec{u} = \frac{\vec{u}.\vec{v}}{\vec{v}.\vec{v}}\,\vec{v}$

6. Exemples et exercices

Exercice 1 : Calculez le produit scalaire des vecteurs $\vec{u}=(3,4)$ et $\vec{v}=(2,-1)$ et déterminez si les vecteurs sont perpendiculaires.

Exercice 2 : Trouvez l'angle entre $\vec{u}=(1,2)$ et $\vec{v}=(-2,1)$

Correction Exercice 1 : Calculez le produit scalaire des vecteurs $\vec{u}=(3,4)$ et $\vec{v}=(2,-1)$ et déterminez si les vecteurs sont perpendiculaires.

$$\vec{u}.\vec{v} = 3 \times 2 + 4 \times -1 = 6 - 4 = 2$$

$\vec{u}$ et $\vec{v}$ ne sont pas perpendiculaire car $\vec{u}.\vec{v} \neq 0$

Correction Exercice 2 : Trouvez l'angle entre $\vec{u}=(1,2)$ et $\vec{v}=(-2,1)$

$$\cos(\theta) = \frac{\vec{u}.\vec{v}}{\parallel \vec{u} \parallel \parallel \vec{v} \parallel}$$

$$\cos(\theta) = \frac{2}{\parallel \vec{u} \parallel \parallel \vec{v} \parallel}$$

$$\parallel \vec{u} \parallel = \sqrt{1^2 + 2^2} = \sqrt{1+4} = \sqrt{5}$$

$$\parallel \vec{v} \parallel = \sqrt{(-2)^2 + 1^2} = \sqrt{4+1} = \sqrt{5}$$

$$\cos(\theta) = \frac{2}{\sqrt{5}.\sqrt{5}} = \frac{2}{5}$$

B. Géométrie repérée

1. Introduction aux systèmes de coordonnées

Système de coordonnées cartésiennes

Définition : Un plan est divisé en quatre quadrants par deux axes perpendiculaires : l'axe des abscisses (axe horizontal x) et l'axe des ordonnées (axe vertical y).

Coordonnées d'un point : Un point dans le plan est défini par un couple de nombres (x,y) qui indique sa position relative aux deux axes.

Coordonnées dans l'espace

Pour l'espace à trois dimensions, on ajoute un axe zz perpendiculaire aux axes x et y. Les points sont alors définis par des triplets (x,y,z).

2. Équations de lignes et de plans

Équations de lignes dans le plan

Forme générale : ax+by+c=0

Forme explicite : y=mx+p, où m est la pente de la ligne et p est l'ordonnée à l'origine.

Forme paramétrique : (x,y)=(x$_0$+at,y$_0$+bt) où (x$_0$,y$_0$) est un point de la ligne, a et b sont les composantes directionnelles de la ligne, et t est un paramètre.

Équations de plans dans l'espace

Forme générale : ax+by+cz+d=0, où (a,b,c) est un vecteur normal au plan.

Forme paramétrique:

(x,y,z)=(x$_0$+at+bu,y$_0$+bt+cv,z$_0$+ct+dw), où (x$_0$,y$_0$,z$_0$) est un point du plan, et (a,b,c) et (u,v,w) sont des vecteurs directeurs du plan.

3. Distance et milieu

Distance entre deux points

Dans le plan : La distance dd entre les points (x$_1$,y$_1$) et (x$_2$,y$_2$) est donnée par $d = \sqrt{(x_2 - x_1)^2 + (y_2 - y_1)^2}$

Dans l'espace :

$$d = \sqrt{(x_2 - x_1)^2 + (y_2 - y_1)^2 + (z_2 - z_1)^2}$$

Point milieu

Dans le plan : Le milieu du segment reliant (x$_1$,y$_1$) et (x$_2$,y$_2$) est $\left(\frac{x_1+x_2}{2}, \frac{y_1+y_2}{2}\right)$.

Dans l'espace :

$$\left(\frac{x_1 + x_2}{2}, \frac{y_1 + y_2}{2}, \frac{z_1 + z_2}{2}\right)$$

4. Applications pratiques

Résolution de problèmes de géométrie : Utiliser les équations pour résoudre des problèmes impliquant des triangles, des cercles, des parallèles et des perpendiculaires.

Applications dans d'autres disciplines : Physique (mouvements dans l'espace), ingénierie (conception assistée par ordinateur), informatique (graphiques).

5. Exemples et exercices

Exercice 1 : Trouver l'équation de la ligne passant par les points $(1,2)$ et $(3,-4)$.

Exercice 2 : Calculer la distance entre les points $(3,-1,4)$ et $(-1,4,2)$ dans l'espace.

<u>Correction Exercice 1</u> : Trouver l'équation de la ligne passant par les points (1,2) et (3,–4).

Equation de D : y=ax+b

$A(x_a, y_a)$ et $B(x_b, y_b)$ On a;

$y_a = ax_a + b$

$y_b = ax_b + b$ => $y_b - y_a = a(x_b - x_a)$ => $a = \dfrac{x_b - x_a}{y_b - y_a}$

$$a = \frac{3 - 1}{-4 - 2} = \frac{2}{6} = \frac{1}{3}$$

$b = y_a - ax_a = 2 - \dfrac{1}{3} \times 1 = 2 - \dfrac{1}{3} = \dfrac{6-1}{3} = \dfrac{5}{3}$

$D = y = \dfrac{1}{3}(x + 5)$

<u>Correction Exercice 2</u> : Calculer la distance entre les points (3,–1,4) et (–1,4,2) dans l'espace.

$$d = \sqrt{(x_2 - x_1)^2 + (y_2 - y_1)^2 + (z_2 - z_1)^2}$$

$$d = \sqrt{(-1 - 3)^2 + (4 - -1)^2 + (2 - 4)^2}$$

$$d = \sqrt{(-4)^2 + (5)^2 + (-2)^2}$$

$$d = \sqrt{16 + 25 + 4} = \sqrt{45} = \sqrt{9 \times 5} = 3\sqrt{5}$$

59

IV.   PROBABILITE ET STATISTIQUES

Bienvenue dans l'univers des probabilités et statistiques, une composante vitale des mathématiques de Première qui éclaire les principes de l'incertitude et de l'analyse de données. Ce livre est conçu pour vous initier aux fondamentaux de ces disciplines, de la théorie des probabilités à l'interprétation statistique des données. À travers des exemples pertinents et des exercices pratiques, vous apprendrez à calculer des probabilités, à analyser des ensembles de données, et à tirer des conclusions significatives. Préparez-vous à développer des compétences analytiques essentielles qui vous serviront dans vos études et au-delà, tout en découvrant comment les mathématiques modélisent le hasard et les tendances du monde réel.

A. Probabilités conditionnelles et indépendance

1. Lexique

En théorie des probabilités, l'univers et les événements sont des concepts fondamentaux qui permettent de décrire les résultats possibles d'une expérience aléatoire et les sous-ensembles d'intérêt de ces résultats.

Univers (ou Espace Échantillonnal)

L'univers, également appelé espace échantillonnal ou ensemble des issues possibles, est l'ensemble de tous les résultats possibles d'une expérience aléatoire. Cet ensemble est noté généralement par Ω. Par exemple :

Si on lance une pièce, l'univers Ω pourrait être {face,pile}.

Si on lance un dé à six faces, l'univers Ω serait {1,2,3,4,5,6}.

Événement

Un événement est un sous-ensemble de l'univers. Il représente une collection de résultats possibles d'une expérience, à laquelle on s'intéresse pour calculer la probabilité ou pour effectuer d'autres analyses statistiques. Les événements sont souvent notés par des lettres majuscules comme A,B,C,… Exemples :

Dans l'expérience de lancer une pièce, un événement pourrait être A={face}, représentant le résultat d'obtenir "face".

Dans l'exemple du dé, un événement pourrait être B={2,4,6}, représentant le résultat d'obtenir un nombre pair.

Types d'Événements

Événement simple ou élémentaire : un événement qui ne contient qu'une seule issue de l'expérience. Par exemple, obtenir un 6 en lançant un dé.

Événement composé : un événement constitué de plusieurs issues. Par exemple, obtenir un nombre pair en lançant un dé.

Événement certain : un événement qui contient tous les éléments de l'univers, donc il se réalise toujours. Dans l'exemple du dé, ce serait l'événement Ω.

Événement impossible : un événement qui ne contient aucun élément (ensemble vide), donc il ne se réalise jamais.

Événements complémentaires : deux événements sont complémentaires si l'union de ces deux événements est l'univers et leur intersection est l'ensemble vide. Par exemple, si A est l'événement "obtenir un nombre pair", son complémentaire Ac serait "ne pas obtenir un nombre pair", i.e., obtenir un nombre impair.

Résumé

L'univers est donc l'ensemble complet des résultats possibles, tandis qu'un événement est un sous-ensemble spécifique de cet univers qui peut inclure un ou plusieurs résultats possibles. La théorie des probabilités utilise ces définitions pour structurer des modèles mathématiques autour des phénomènes aléatoires.:

2. Probabilité d'un événement

Avant de plonger dans les probabilités conditionnelles, rappelons ce qu'est une probabilité. La probabilité d'un événement A dans un espace probabilisé (Ω, P) est une mesure qui quantifie la chance que A se réalise, notée P(A). Elle satisfait:

$0 \leq P(A) \leq 1$

$P(\Omega)=1$, où Ω est l'ensemble de tous les événements possibles.

3. Probabilité conditionnelle

La probabilité conditionnelle de A sachant B (où B est un événement avec P(B)>0) est la probabilité que l'événement A se produise étant donné que B est connu pour se produire. Elle est notée P(A|B) et calculée par la formule :

$$P(A \mid B) = \frac{P(A \cap B)}{P(B)}$$

Interprétation

Cela reflète la probabilité de A dans un univers où B est certain.

4. Événements indépendants

Deux événements A et B sont dits indépendants si et seulement si la survenue de B n'affecte pas la probabilité de survenue de A. Mathématiquement, cela se traduit par :

$P(A \cap B) = P(A) \times P(B)$

Si cette équation est vraie, alors A et B sont indépendants.

Propriétés

Si A et B sont indépendants, alors P(A|B)=P(A) et P(B|A)=P(B)

L'événement A∩B dans le contexte des probabilités représente l'intersection des événements A et B. Cela signifie que pour que l'événement A∩B se produise, il faut que les deux événements A et B se produisent simultanément.

5. Formule de la probabilité totale

Si {B1,B2,...,Bn} est une partition de Ω (c'est-à-dire des ensembles disjoints dont l'union est Ω) et chaque P(Bi)>0, alors pour tout événement A:

$$P(A) = \sum_{i=1}^{n} \frac{P(A \mid Bi)}{P(Bi)}$$

Cette formule est très utile pour calculer la probabilité d'un événement A à partir de différentes conditions Bi.

6. Théorème de Bayes

Le théorème de Bayes est une application directe de la probabilité conditionnelle et est utilisé pour "inverser" les probabilités conditionnelles. Il est formulé comme suit :

$$P(B \mid A) = \frac{P(A \mid B)P(B)}{P(A)}$$

où P(A) peut être calculé par la formule de probabilité totale si nécessaire.

7. Exemples pratiques et exercices

Exercice 1 : Une urne contient 3 boules rouges et 2 boules vertes. Si une boule rouge est ajoutée à l'urne et qu'une boule est ensuite tirée au hasard, quelle est la probabilité qu'elle soit rouge ?

Exercice 2 : Deux dés sont lancés. Calculer la probabilité que la somme soit 8, sachant qu'au moins un des dés montre un 3.

Correction Exercice 1 : Une urne contient 3 boules rouges et 2 boules vertes. Si une boule rouge est ajoutée à l'urne et qu'une boule est ensuite tirée au hasard, quelle est la probabilité qu'elle soit rouge ?

Déterminer le nombre total de boules : Initialement, l'urne contient 3 boules rouges et 2 boules vertes, soit un total de 5 boules. Après l'ajout d'une boule rouge, l'urne contient maintenant 4 boules rouges et 2 boules vertes, soit un total de 6 boules.

Calculer la probabilité : La probabilité qu'une boule tirée soit rouge se calcule en divisant le nombre de boules rouges par le nombre total de boules. Après l'ajout, on a donc :

$$P(rouge) = \frac{nombre\ de\ boules\ rouges}{nombre\ total\ de\ boules} = \frac{4}{6} = \frac{2}{3}$$

Ainsi, la probabilité de tirer une boule rouge après l'ajout d'une boule rouge à l'urne est de $\frac{2}{3}$.

Correction Exercice 2: Deux dés sont lancés. Calculer la probabilité que la somme soit 8, sachant qu'au moins un des dés montre un 3.

Pour résoudre cet exercice, nous allons appliquer le concept de probabilité conditionnelle. L'événement que nous cherchons à analyser est "la somme des deux dés est 8", et nous savons que "au moins un des dés montre un 3". Voici comment procéder:

Étape 1 : Identifier les événements

Soit A l'événement "la somme des deux dés est 8".

Soit B l'événement "au moins un des dés montre un 3".

Étape 2 : Calculer P(A|B)

Nous savons que:

$$P(A \mid B) = \frac{P(A \cap B)}{P(B)}$$ Calcul de P(A∩B)

L'événement A∩B signifie que la somme des deux dés est 8, et au moins un des dés montre un 3. Les paires possibles sont:

(3, 5)

(5, 3)

Il y a 2 paires favorables.

Calcul de P(B)

L'événement B, "au moins un des dés montre un 3", peut se produire de plusieurs manières:

Le premier dé montre un 3 (peu importe le second dé).

Le second dé montre un 3 (peu importe le premier dé).

Les deux dés montrent un 3.

Le nombre de façons dont un dé peut montrer un 3 est 1, et le nombre de façons dont l'autre dé peut être n'importe quoi d'autre est 6. Ainsi:

Probabilité que le premier dé soit un 3 et le second dé soit n'importe quoi : $\frac{1}{6}$

Probabilité que le second dé soit un 3 et le premier dé soit n'importe quoi : $\frac{1}{6}$

Nous devons soustraire la probabilité que les deux dés montrent un 3 pour éviter le double comptage: $\frac{1}{36}$

Donc:

$$P(B) = \frac{1}{6} + \frac{1}{6} - \frac{1}{36} = \frac{12}{36} + \frac{12}{36} - \frac{1}{36} = \frac{23}{36}$$

Calcul de P(A|B)

Il y a 36 résultats possibles au lancer de deux dés. Donc:

$$P(A \cap B) = \frac{2}{36} = \frac{1}{18}$$

$$P(A \mid B) = \frac{P(A \cap B)}{P(B)} = \frac{\frac{1}{18}}{\frac{23}{36}} = \frac{1}{18} \cdot \frac{36}{23} = \frac{2}{23}$$

Conclusion

La probabilité que la somme soit 8, sachant qu'au moins un des dés montre un 3, est $\frac{2}{23}$.

B. Variable aléatoire et loi de probabilité

1. Lexique

La distinction entre une "distribution" et une "loi de probabilité" peut parfois sembler subtile, car dans le langage courant, surtout en statistique et probabilité, ces termes sont souvent utilisés de manière interchangeable. Cependant, il existe une nuance conceptuelle importante entre les deux :

Loi de Probabilité

Une loi de probabilité (ou loi probabiliste) désigne les règles ou les formules mathématiques qui décrivent comment les probabilités sont réparties parmi les différentes issues d'une variable aléatoire. Elle peut être exprimée sous différentes formes :

Fonction de masse de probabilité (fmp) : Utilisée pour les variables aléatoires discrètes, elle donne la probabilité que la variable prenne une valeur spécifique.

Fonction de densité de probabilité (fdp) : Utilisée pour les variables aléatoires continues, elle est une fonction telle que la probabilité que la variable aléatoire soit dans un intervalle est l'intégrale de cette fonction sur l'intervalle.

Fonction de répartition : Pour tout type de variable aléatoire, cette fonction donne la probabilité qu'une variable aléatoire soit inférieure ou égale à une certaine valeur.

Distribution

Le terme "distribution" est plus général et peut s'appliquer à plusieurs aspects des statistiques et des probabilités :

Distribution de Probabilité : C'est essentiellement un autre nom pour la loi de probabilité. Dans ce contexte, "distribution" et "loi" peuvent être considérés comme synonymes.

Distribution Statistique : Dans le contexte des données, cela fait référence à la manière dont les valeurs de données (issues d'observations, de mesures, etc.) sont dispersées ou réparties. Cela peut être visualisé à l'aide de graphiques tels que des histogrammes, des boîtes à moustaches, etc.

Distribution Empirique : Référence à la distribution observée des données dans un échantillon. Elle est souvent utilisée pour estimer la loi de probabilité sous-jacente lorsque la forme exacte de cette loi est inconnue.

Conclusion

Ainsi, lorsqu'on parle de "loi de probabilité", on se réfère spécifiquement aux aspects mathématiques et théoriques de la distribution des probabilités. "Distribution", d'un autre côté, a un usage plus large et peut se référer à la disposition pratique ou observée des données en plus de sa signification théorique en tant que synonyme de loi de probabilité.

2. Variable aléatoire

Définition

Une variable aléatoire X est une fonction qui associe un nombre réel à chaque résultat d'une expérience aléatoire. Elle permet de modéliser mathématiquement les résultats d'expériences comme les tirages, les lancers de dé, etc.

Types de variables aléatoires

Variable aléatoire discrète : prend un nombre fini ou dénombrable de valeurs. Exemple : le nombre de succès dans une série de lancers de pièce.

Variable aléatoire continue : prend un nombre infini de valeurs, souvent dans un intervalle de nombres réels. Exemple : la durée nécessaire pour effectuer une tâche.

Notation

Variable aléatoire X suivant une loi binomiale avec n essais indépendants et une probabilité de succès p à chaque essai , est notée par X~B(n,p), où :

n est le nombre total d'essais.

p est la probabilité de succès à chaque essai.

3. Loi de probabilité d'une variable aléatoire

Pour une variable aléatoire discrète

La loi de probabilité d'une variable aléatoire discrète liste les probabilités associées à chaque valeur possible de la variable. Elle est souvent représentée par un tableau, un graphe ou une formule.

Fonction de masse de probabilité (fmp)

La fmp, P(X=x), donne la probabilité que la variable aléatoire X prenne la valeur x.

Pour une variable aléatoire continue

La loi de probabilité est décrite par une fonction de densité de probabilité (fdp), qui doit satisfaire:

f(x)≥0 pour tout x

L'intégrale de f(x) sur tout l'espace est égale à 1.

4. Différentes lois de probabilité

1. Loi Uniforme Discrète

Pour une variable aléatoire X suivant une loi uniforme discrète sur un ensemble de n résultats possibles équiprobables :

$$P(X = k) = \frac{1}{n}$$

où k est l'une des valeurs possibles que X peut prendre.

2. Loi Binomiale

La distribution binomiale est une des distributions de probabilité les plus fondamentales et utilisées en statistiques pour modéliser le nombre de succès dans une série d'essais indépendants. Voici une exploration détaillée de ses propriétés, de son application et de sa formule :

Définition

La distribution binomiale mesure la probabilité d'obtenir exactement k succès dans n essais indépendants, avec la même probabilité p de succès à chaque essai. Elle est souvent utilisée dans des contextes où il y a deux issues possibles (succès/échec, oui/non, etc.).

Pour une variable aléatoire X suivant une loi binomiale avec n essais indépendants et une probabilité de succès p à chaque essai, la probabilité d'avoir exactement k succès est donnée par :

$$P(X = k) = \binom{n}{k} p^{k(1-p)^{n-k}}$$

où :

$\binom{n}{k}$ est le coefficient binomial, qui se calcule comme $\dfrac{n!}{k!(n-k)!}$

k est le nombre de succès souhaités,

n est le nombre total d'essais,

p est la probabilité de succès à chaque essai.

3. Loi de Bernoulli

Pour une variable aléatoire X qui suit une loi de Bernoulli avec une probabilité p de succès :

$$P(X = k) = \begin{cases} p & si\ k = 1 \\ 1 - p & si\ k = 0 \end{cases}$$

4. Loi Géométrique (si étudiée)

Pour une variable aléatoire X représentant le nombre d'essais jusqu'au premier succès, avec une probabilité p de succès à chaque essai :

$$P(X = k) = (1 - p)^{(k-1)p}$$

où k est le nombre d'essais nécessaires pour obtenir le premier succès (donc k≥1).

5. Loi de Poisson (moins fréquente en première mais possible)

Pour une variable aléatoire X représentant le nombre d'événements dans un intervalle de temps donné, avec un taux moyen λ d'événements par intervalle :

$$P(X = k) = \frac{\lambda^k}{k!} e^{(-\lambda)}$$

où k est le nombre d'événements observés.

5. Espérance et variance

Espérance (moyenne)

L'espérance de X, notée E(X), est la valeur moyenne de X. Pour une variable aléatoire discrète, elle est donnée par :

$$E(X) = \sum x \cdot P(X = x)$$

Pour une variable continue, elle est donnée par :

$$E(X) = \int_{-\infty}^{+\infty} x \cdot f(x)\, dx$$

Variance

La variance mesure la dispersion des valeurs de X autour de l'espérance E(X). Elle est calculée par :

Var(X)=E((X−E(X))^2)

Ce qui peut aussi s'écrire :

Var(X)=E(X2)−(E(X))^2

1. Loi Uniforme

Pour une variable aléatoire X qui suit une distribution uniforme sur un intervalle [a,b] :

Espérance (E(X)):

$$E(X) = \frac{a+b}{2}$$

Variance (Var(X)):

$$Var(X) = \frac{(b - a)^2}{12}$$

2. Loi Binomiale

Pour une variable aléatoire X suivant une loi binomiale B(n,p) où n est le nombre d'essais et p la probabilité de succès à chaque essai :

Espérance (E(X)):

$$E(X) = n \cdot p$$

Variance (Var(X)):

$$Var(X) = n \cdot p \cdot (1 - p)$$

3. Loi de Bernoulli

La loi de Bernoulli est un cas spécial de la loi binomiale où n=1. Pour une variable aléatoire X suivant une loi de Bernoulli B(p) avec p la probabilité de succès :

Espérance (E(X)):

E(X)=p

Variance (Var(X)):

Var(X)=p·(1−p)

4. Loi de Poisson

Pour une variable aléatoire X suivant une loi de Poisson avec un paramètre λ (le taux moyen de survenance d'un événement par unité de temps ou d'espace) :

Espérance (E(X)):

E(X)=λ

Variance (Var(X)):

Var(X)=λ

Exemple 1: Lancer de dé

Si X est le résultat d'un lancer de dé équilibré, alors X peut prendre des valeurs de 1 à 6 avec une probabilité de $\frac{1}{6}$ pour chaque valeur. L'espérance de X est $\frac{1+2+3+4+5+6}{6} = 3,5$.

Exemple 2: Temps d'attente

Supposons que le temps d'attente à un arrêt de bus suit une distribution exponentielle avec un taux λ=0.2 par minute. La fdp est $f(x) = 0.2e^{-0.2x}$ pour x≥0.

L'espérance est $E(X) = \frac{1}{0.2} = 5$

$E(X) = \frac{1}{0.2} = 5 \ minutes.$

6. Exemples pratiques et exercices

Exercice 1 : Calculer l'espérance et la variance du nombre de "6" obtenus en lançant quatre fois un dé équilibré.

Exercice 2 : Une variable aléatoire X suit une distribution uniforme entre 0 et 10. Trouver $P(2<X<8)$, $E(X)$, et $Var(X)$.

Correction Exercice 1 : Calculer l'espérance et la variance du nombre de "6" obtenus en lançant quatre fois un dé équilibré.

Pour résoudre cet exercice, nous devons d'abord identifier la variable aléatoire en question, calculer son espérance (valeur moyenne attendue) et sa variance (mesure de la dispersion des valeurs autour de l'espérance).

Définition de la variable aléatoire

Soit X la variable aléatoire représentant le nombre de "6" obtenus lors de quatre lancers d'un dé équilibré. X suit une distribution binomiale, $X \sim B(n,p)$, où n est le nombre de lancers, et p est la probabilité d'obtenir un "6" à chaque lancer. Ici, n=4 et p=1/6 car un dé à six faces équilibré a une chance sur six de montrer un "6".

Calcul de l'espérance

L'espérance E d'une variable aléatoire binomiale $X \sim B(n,p)$ est donnée par la formule:

$E(X) = n \times p$

Pour notre cas:

$$E(X) = 4 \times \frac{1}{6} = \frac{4}{6} = \frac{2}{3}$$

Calcul de la variance

La variance Var d'une variable aléatoire binomiale est donnée par la formule:

$Var(X) = n \times p \times (1-p)$

Pour notre cas:

$$Var(X) = 4 \times \frac{1}{6} \times \left(1 - \frac{1}{6}\right) = 4 \times \frac{1}{6} \times \frac{5}{6} = \frac{20}{36} = \frac{5}{9}$$

Résumé

Espérance (E(X)) : $\frac{2}{3}$

Variance (Var(X)) : $\frac{5}{9}$

Cela signifie que, en moyenne, on s'attend à obtenir $\frac{2}{3}$ de "6" lorsqu'on lance quatre fois un dé, et la variance autour de cette moyenne est $\frac{5}{9}$, ce qui indique la dispersion des valeurs possibles de X.

Correction Exercice 2 : Une variable aléatoire X suit une distribution uniforme entre 0 et 10. Trouver P(2<X<8), E(X), et Var(X).

Pour une variable aléatoire X qui suit une distribution uniforme entre 0 et 10, on peut résoudre l'exercice en abordant les trois aspects demandés : la probabilité que X soit entre 2 et 8, l'espérance (E(X)), et la variance (Var(X)) de X.

1. Probabilité P(2<X<8)

Pour une distribution uniforme, chaque intervalle de même longueur a la même probabilité d'être choisi. La probabilité que X soit dans un intervalle particulier est proportionnelle à la longueur de cet intervalle.

La longueur totale de l'intervalle de la distribution est 10 (de 0 à 10). La probabilité que X soit dans un certain intervalle est donc le rapport entre la longueur de cet intervalle et la longueur totale de l'intervalle de distribution.

$$P(2 < X < 8) = \frac{longueur\ de\ l'intervalle\ [2,8]}{longueur\ totale\ de\ l'intervalle\ [0,10]} = \frac{8-2}{10}$$
$$= \frac{6}{10} = 0.6$$

2. Espérance E(X)

L'espérance d'une distribution uniforme sur un intervalle [a,b] est donnée par la formule :

$$E(X) = \frac{a+b}{2}$$

Pour X~Uniform(0,10),

$$E(X) = \frac{0+10}{2} = 5$$

3. Variance Var(X)

La variance d'une distribution uniforme sur un intervalle [a,b] est donnée par la formule :

$$Var(X) = \frac{(b-a)^2}{12}$$

Pour X~Uniform(0,10),

$$Var(X) = \frac{(10-0)^2}{12} = \frac{100}{12} \approx 8.33$$

Résumé

P(2<X<8)=0.6

E(X)=5

Var(X)≈8.33

Ces résultats résument les caractéristiques de base de la distribution uniforme pour la variable aléatoire X sur l'intervalle de 0 à 10.

CONCLUSION

Ce livre de mathématiques pour élèves de Première a été conçu avec l'ambition de vous guider à travers les diverses facettes de cette discipline essentielle, allant de l'algèbre à l'analyse, en passant par la géométrie repérée et les probabilités et statistiques. Chaque section a été méticuleusement élaborée pour faciliter une compréhension profonde et appliquée des concepts mathématiques, vous préparant non seulement aux examens mais aussi à une utilisation pratique dans la vie quotidienne et les études futures.

Nous espérons que ce parcours vous a permis de renforcer votre logique et votre raisonnement, tout en découvrant le plaisir inhérent à la résolution de problèmes complexes. Les mathématiques sont une langue universelle qui décrit le monde dans sa structure la plus fondamentale. En maîtrisant cette langue, vous ouvrez une fenêtre sur des carrières variées et des champs d'étude exigeants.

Merci de nous avoir accompagnés dans cette aventure intellectuelle. Que les compétences acquises ici enrichissent votre perspective éducative et professionnelle, et que votre curiosité reste toujours aussi vive. Les mathématiques sont un domaine vaste et éternellement fascinant, et chaque page de ce livre n'est qu'un début dans votre exploration continue. Bonne continuation sur votre chemin du savoir mathématique!

À PROPOS DE L'AUTEUR

Ce livre est l'œuvre de "Aide aux devoirs", un ingénieur chevronné reconverti en professeur de mathématiques. Après une carrière riche en applications techniques des mathématiques, il a choisi de partager sa passion et son expertise avec les jeunes esprits. À travers ce livre, il apporte une perspective unique en combinant rigueur pratique et méthodes pédagogiques innovantes, visant à simplifier les concepts mathématiques pour les élèves de première, et à leur montrer la beauté ainsi que l'utilité des mathématiques dans la vie quotidienne et les carrières techniques.

Printed in France by Amazon
Brétigny-sur-Orge, FR

20420249R00049